AF586674

RECONSTITUTION

DU

VIGNOBLE FRANÇAIS

PAR LA MARCELLINE

SYSTÈME RATIONNEL DE DÉFENSE

CONTRE

LE PHYLLOXÉRA

PAR

M. le Dr DUCASSÉ, DE LECTOURE (GERS)

PARIS

G. MASSON, ÉDITEUR

LIBRAIRE DE L'ACADÉMIE DE MÉDECINE

120, boulevard Saint-Germain, 120

1887

PRÉFACE

Les divers traitements employés jusqu'à ce jour pour combattre le phylloxéra se divisent en deux catégories différentes : les *traitements souterrains* et les *traitements extérieurs*.

Les premiers, qui ont pour objectif la destruction des colonies radicicoles, consistent généralement à introduire dans le sol, autour du cep, une ou plusieurs substances susceptibles de donner la mort à l'insecte. Tels sont les traitements par le sulfure de carbone et les sulfocarbonates.

Les deuxièmes sont basés sur la destruction de l'œuf d'hiver ; de ce nombre sont : les badigeonnages préconisés par M. Balbiani, la submersion, l'écorticage, l'ébouillantage,etc.

Il résulte des renseignements fournis au dernier congrès viticole de Bordeaux qu'aucun des procédés mis en œuvre, la submersion exceptée, n'a fourni jusqu'ici de résultats satisfaisants. Quelle en est la raison ?... Nous l'indiquerons plus loin dans le courant de cette étude. Tout ce que nous voulons, pour le moment, retenir de la situation telle qu'elle ressort des déclarations faites au congrès de Bordeaux, c'est qu'on ne dispose encore d'aucun procédé pratique réellement efficace pour préserver les vignes non encore envahies et guérir celles qui sont déjà atteintes par le fléau.

Après de nombreuses et incessantes recherches, nous avons trouvé un composé nouveau, auquel nous avons donné le nom de *Marcelline*, qui permet de préserver les premières avec une entière certitude et arrêté un mode de traitement méthodique et rationnel qui permet de sauver et de reconstituer les deuxièmes.

Le présent mémoire a pour but d'en exposer les principes et d'en faire connaître les détails d'application. Nous nous hâtons d'ajouter que notre procédé et notre méthode sont d'une simplicité extrême, qu'ils sont partout applicables sans nécessiter l'emploi d'ouvriers ou d'instruments spéciaux, et que leur faible prix de revient en rend l'emploi accessible aux bourses les plus modestes.

Nous attribuons en grande partie l'insuccès des recherches déjà entreprises pour arriver à mettre la vigne à l'abri des atteintes du phylloxéra à ce que ces recherches ont été basées sur une étude incomplète du cycle biologique de l'insecte. M. Balbiani, lui-même, malgré les belles découvertes qu'il a faites, n'a pas échappé complètement à ce travers et n'a pas su tirer de l'étude analytique qu'il a publiée sur l'évolution biologique du phylloxéra tout le parti qu'elle était susceptible de donner. Il est cependant essentiel de bien connaître l'insecte, si on veut le combattre avec quelque chance d'efficacité, car cette connaissance seule peut permettre de déterminer avec certitude le point où il convient de le frapper et les moyens à mettre en œuvre pour en venir à bout.

Pour ce motif, nous commençons notre étude par un exposé succinct et synthétique du cycle biologique du phylloxéra. Cet exposé nous servira à établir nettement les conditions dans lesquelles le phylloxéra se propage et à faire ressortir toute l'importance de l'idée fondamentale qui sert de base aux traitements que nous proposons d'appliquer.

Dans le deuxième chapitre, nous exposerons en détail tout ce qui est relatif à la *Marcelline* et à son mode d'emploi comme moyen préventif.

Dans un troisième chapitre, nous passerons rapidement en revue les divers modes de traitement jusqu'ici employés, en précisant la nature et l'étendue de leur efficacité et faisant par cela même ressortir la manière dont il convient de les employer.

Ces notions acquises, nous poserons, dans le quatrième chapitre, les conditions essentielles auxquelles doit satisfaire le traitement rationnel et complet des vignes phylloxérées et, après avoir développé le mode de traitement que nous proposons, nous montrerons qu'il satisfait pratiquement à toutes les conditions du problème.

Le cinquième chapitre nous servira à résumer, sous forme de prescriptions, la marche à suivre pour traiter la vigne dans les différents cas qui peuvent se présenter.

RECONSTITUTION

DU

VIGNOBLE FRANÇAIS

PAR

LA MARCELLINE

CHAPITRE PREMIER

BIOLOGIE DU PHYLLOXÉRA

§ I

DES DIFFÉRENTES VARIÉTÉS DE PHYLLOXÉRAS.

Le phylloxéra de la vigne ou *phylloxéra vastatrix* comporte deux variétés différentes :

1° Le phylloxéra *gallicole* ou phylloxéra des feuilles ; 2° le phylloxéra *radicicole* ou phylloxéra des racines, qui ne diffèrent d'ailleurs l'un de l'autre que par le mode particulier d'existence choisi par chacun d'eux.

Tandis que le premier se dirige vers les feuilles aussitôt après l'éclosion de l'œuf d'hiver et y passe toute la belle saison, le deuxième émigre au contraire vers les racines et ne revient à l'air libre qu'au moment de l'apparition des essaims d'ailés.

Le phylloxéra *gallicole* se rencontre, souvent en très grande quantité, sur la plupart des cépages américains, où sa présence se révèle par l'apparition de galles caractéristiques sur la face inférieure de la feuille. De là son nom de *gallicole*. *Au contraire, cette variété de phylloxéra ne se rencontre que très rarement, et tout à fait à l'état d'exception, sur les feuilles des vignes indigènes.* L'action immédiate de la variété gallicole ne s'exerçant que sur les feuilles est sans danger sérieux pour la vigne.

Le phylloxéra *radicicole* se rencontre aussi bien sur les racines des vignes américaines que sur celles des vignes indigènes, mais il semble avoir une prédilection marquée pour ces dernières. C'est lui qui, en détruisant les radicelles, cause la ruine de nos vignes.

De ce que les deux variétés d'insectes paraissent nettement différentiées par leur mode particulier d'existence, il ne faudrait pas conclure que les individus qui les composent appartiennent à deux types distincts et immuables. Tout au contraire, le mode particulier d'existence choisi par les diverses colonies d'insectes semble bien plus dépendre de circonstances locales et accidentelles que d'instincts spéciaux ayant un caractère de permanence et transmis de génération en génération par voie d'hérédité. Rien ne prouve, en effet, que des essaims d'ailés provenant de colonies gallicoles venant à s'abattre sur une vigne indigène n'y donnent pas naissance à des colonies radicicoles et *vice versa*.

Il en résulte que chacune des deux variétés d'insectes ne peut être considérée comme ayant une biologie distincte, qui lui soit propre, et qu'il n'est pas possible, par cela même, d'étudier l'une sans tenir compte en même temps de l'existence de l'autre. Pratiquement il devient au contraire nécessaire d'admettre que l'espèce parcourt un seul et même cycle biologique et que les différences observées entre les mœurs des deux variétés ne sont que des discordances passagères dues uniquement à la différence des milieux dans lesquels chacune a élu domicile. C'est ainsi que nous avons procédé. En agissant autrement nous nous serions en effet exposés à négliger quelque facteur important de la question et à tirer des résultats fournis par l'étude biologique de l'insecte des déductions ou fausses, ou erronées, ou incomplètes, qui auraient pu ensuite nous faire faire fausse route et égarer nos recherches.

§ II

CYCLE BIOLOGIQUE DU PHYLLOXÉRA.

L'œuf d'hiver est à la fois le point de départ et le point d'arrivée des différentes transformations que subit le phylloxéra aux diverses époques de l'année.

Qu'il provienne de colonies gallicoles ou de colonies radicicoles, *l'œuf d'hiver est toujours déposé sur les parties extérieures du cep* et en général caché dans les fissures du bois ou derrière les exfoliations de l'écorce. Au printemps, le plus souvent dans le courant d'avril, cet œuf éclôt et donne naissance à une première génération d'insectes. Cette génération est toujours composée de femelles agames, c'est-à-dire susceptibles de produire sans l'intervention du mâle, et aptères, c'est-à-dire sans ailes. Pour distinguer les individus de cette génération de ceux des générations suivantes qui en descendent, on leur donne souvent le nom de *mères fondatrices*.

Aussitôt après leur naissance, ces mères fondatrices abandonnent le tronc du cep sur l'écorce duquel elles ne trouveraient que difficilement à se nourrir et émigrent soit vers les feuilles, soit vers les racines. S'il s'agit d'une vigne américaine, les mères fondatrices émigrent partie vers les feuilles, partie vers les racines, et donnent respectivement naissance soit à des colonies gallicoles, soit à des colonies radicicoles. S'il s'agit d'une vigne indigène, le mouvement de migration se fait en définitive tout entier vers les racines et les colonies qui en résultent sont exclusivement radicicoles.

Pour plus de simplicité dans l'exposé, suivons d'abord l'évolution biologique des colonies gallicoles.

A. — *Colonies gallicoles.*

Les mères fondatrices qui ont émigré vers les feuilles se fixent sur leur face inférieure et pondent des œufs qui éclosent bientôt après pour donner naissance à de nouvelles générations d'insectes. Celles-ci, comme la génération des mères fondatrices, sont exclusivement composées de femelles agames et aptères. Ces femelles pondent à leur tour et ainsi de suite ; la série se continue sans interruption jusque vers le milieu d'août, époque à laquelle apparaissent les insectes ailés. Toutes ces générations successives, y compris celle des ailés, sont uniquement composées de femelles agames.

La promptitude avec laquelle les générations successives d'insectes prennent naissance et aussi la grande fécondité propre à chacun des individus qui les composent expliquent l'effrayante rapidité avec laquelle l'insecte pullule et gagne du terrain en étendant ses ravages.

Il ressort cependant des observations faites par M. Balbiani que la fécondité des mères diminue à mesure qu'elles appartiennent à une génération plus éloignée de celle des mères fondatrices, ou, ce qui revient au même, de l'œuf d'hiver, et que la diminution progressive de cette fécondité tient en grande partie à une atrophie de plus en plus importante des organes génitaux de l'insecte.

Dans le courant du mois d'août, l'éclosion des œufs donne naissance à des nymphes qui se transforment bientôt en insectes ailés (1). La génération particulière qui en résulte est, comme les générations aptères, uniquement composée de femelles agames, mais la fécondité de ces femelles est notablement plus faible ; en effet le nombre des œufs pondus par chacune d'elles se réduit souvent à deux et ne dépasse presque jamais sept ou huit. De plus, à l'inverse de ce qui a été observé pour les générations précédentes, les œufs pondus par les femelles ailées sont sexués, c'est-à-dire appelés à donner naissance soit à un insecte mâle, soit à un insecte femelle.

L'éclosion de ces œufs sexués donne donc naissance à une génération nouvelle comprenant à la fois des insectes mâles et des insectes femelles. Chaque femelle de cette génération ne pond qu'un œuf, qui est l'œuf

(1) La production d'insectes ailés par les colonies gallicoles n'est pas, parait-il, parfaitement démontrée : M. Balbiani, qui l'avait tout d'abord admise par analogie avec le phylloxéra *Quercus*, ne semble plus la considérer comme probable. Quoi qu'il en soit de cette opinion, nous avons cru devoir admettre l'existence de ces ailés, car elle est de nature à faciliter la propagation du fléau par essaimage. Notre but en effet n'est pas de faire une biologie scientifiquement exacte, mais une simple reconnaissance de l'insecte ayant pour objet de nous permettre de déterminer son point d'attaque. Or, en admettant cette hypothèse, nous pouvons être conduits à prendre quelques précautions de plus, mais pas une de moins. Il n'y a donc aucun inconvénient à procéder comme nous l'avons fait, tandis qu'il aurait pu y en avoir de graves à faire autrement.

d'hiver, et cet œuf, pour être susceptible d'éclore, a besoin d'avoir été fécondé par l'intervention d'un mâle.

En fait, nombre de femelles pondent avant d'avoir été fécondées et les œufs qu'elles produisent sont frappés de stérilité.

Cette génération, dite génération dioïque, présente une bizarrerie remarquable : les individus qui la composent ne sont pas munis d'appareil digestif. Le seul but de leur existence est, pour les mâles de féconder les femelles, pour les femelles de pondre l'œuf d'hiver. Ces insectes se nourrissent en quelque sorte sur eux-mêmes au moyen d'une matière spéciale contenue dans une poche qui tient chez eux la place de l'appareil digestif. Quoi qu'il en soit, aussitôt après leur naissance, les insectes sexués descendent sur le cep et c'est là que se font l'accouplement et la ponte. Les femelles vont pondre et cacher leur œuf derrière les exfoliations de l'écorce et meurent presque aussitôt après. En général on retrouve le cadavre de la mère à côté de l'œuf qu'elle a pondu. Les mâles meurent également à la même époque.

Après la ponte de l'œuf d'hiver et la disparition de la génération dioïque qui l'a produit, la vie proprement dite du phylloxéra gallicole est momentanément interrompue; cette variété n'est plus représentée, jusqu'au printemps suivant, que par l'œuf d'hiver, et se trouve par cela même tout entière concentrée sur les parties extérieures du cep. Mais dans l'œuf d'hiver se trouve en quelque sorte régénéré le principe de cette effrayante fécondité que nous avons mentionnée plus haut et que nous avions vue décroître progressivement de génération en génération jusqu'à celle des sexués, où elle s'est trouvée réduite au minimum.

Au printemps suivant, la même évolution recommence et le cycle biologique du phylloxéra gallicole se trouve ainsi fermé par l'œuf d'hiver.

Nous ferons immédiatement remarquer que si l'on pouvait assurer, par un procédé quelconque, la destruction complète des œufs d'hiver, le cycle biologique de l'insecte serait rompu et l'on rendrait impossible, pour l'année suivante, l'apparition de nouvelles colonies gallicoles sur les vignes où cette destruction aurait été opérée.

B. — *Colonies radicicoles.*

Suivons maintenant le mouvement de migration qui entraîne les mères fondatrices vers les racines, en nous préoccupant surtout de ce qui se passe sur les vignes indigènes.

Nous avons déjà dit qu'on n'observe pour ainsi dire jamais la présence ou seulement la trace du passage du phylloxéra sur les feuilles des vignes indigènes; il en résulte que si après l'éclosion de l'œuf d'hiver, quelques mères fondatrices se dirigent tout d'abord vers les feuilles, leur séjour ne peut y être que de courte durée et qu'en définitive, le mouvement de migration vers les racines entraîne la totalité des insectes. D'autre part, ce mouvement doit commencer presque aussitôt après l'éclosion de l'œuf d'hiver, car les mères fondatrices auraient probablement de la peine à trouver leur subsistance sur l'écorce épaisse et sèche du tronc (1).

(1) Ce qui tend à faire croire que les mères fondatrices ne pourraient pas séjourner longtemps sur l'écorce sans y mourir de faim, c'est que les insectes de la génération dioïque, faits pour vivre sur cette partie de la vigne, sont organisés pour ne pas manger et vivent sans être obligés d'absorber une nourriture extérieure.

Remarquons enfin que, dans ce mouvement de migration, les mères fondatrices ne peuvent suivre d'autre chemin que la surface extérieure du tronc du cep pour arriver à la couronne des racines où le courant de migration se ramifie et se dirige, en suivant les racines, jusque sur les radicelles les plus éloignées de la vigne. *Il suit de là que la totalité des mères fondatrices est obligée de passer sur la partie du tronc du cep comprise entre la couronne des racines et la limite inférieure de la zone sur laquelle sont déposés les œufs d'hiver* (voir fig. 1).

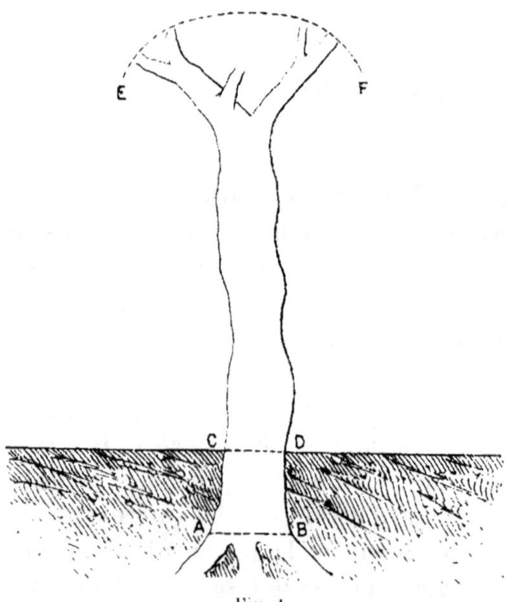

Fig. 1.

CDEF. Zone dans laquelle peut être déposé l'œuf d'hiver.

AB. Couronne des racines.

ABCD. Espace dépourvu d'œufs d'hiver qui deviendra, après l'éclosion de l'œuf d'hiver, le passage obligé des mères fondatrices pour arriver de la zone CDEF aux racines.

Arrivées sur les racines, les mères fondatrices s'y fixent et y donnent naissance à une série ininterrompue de générations qui se succèdent et se reproduisent d'après les mêmes lois que nous avons indiquées pour les colonies gallicoles. Comme pour ces dernières, les générations radicicoles sont uniquement composées de femelles agames et la fécondité de ces femelles va progressivement en diminuant à mesure qu'elles appartiennent à une génération plus éloignée de celle des mères fondatrices. De même aussi, elles donnent naissance à une génération d'insectes ailés qui sortent du sol vers le milieu d'août, se répandent dans l'atmosphère et servent à propager le fléau par essaimage. Ces insectes ailés issus des colonies radicicoles donnent naissance à une génération dioïque et cette dernière produit l'œuf fécondé d'hiver dans des conditions identiques à celles que nous avons déjà fait connaître en parlant des colonies gallicoles (page 10). *L'œuf d'hiver provenant des colonies radicicoles est toujours, comme celui qui provient de colonies gallicoles, déposé sur les parties extérieures du cep et généralement caché derrière les exfoliations de l'écorce ou dans les fissures du bois.*

Comme le cycle biologique des colonies gallicoles, celui des colonies radicicoles se ferme par l'œuf d'hiver et recommence identiquement de même au printemps suivant. La production de la génération des ailés, de la génération dioïque et de l'œuf d'hiver est donc commune aux deux variétés de phylloxéra, et comme les individus appartenant à ces générations, tout comme les œufs d'hiver, paraissent identiques entre eux, quelle que soit leur provenance, on est obligé d'admettre que, depuis l'époque de la production des ailés jusqu'à celle de l'éclosion de l'œuf d'hiver, les cycles biologiques des deux variétés se confondent. Il en résulte que le phylloxéra gallicole et le phylloxéra radicicole ne doivent être regardés que comme des modifications d'une seule et même espèce et que, dans les dispositions à prendre pour combattre l'insecte, on doit procéder comme si les générations qui se succèdent d'une année à l'autre par une filiation non interrompue étaient réellement susceptibles de prendre indifféremment, suivant les circonstances, les caractères de l'une ou de l'autre des deux variétés.

Hibernage des colonies radicicoles. — Mais ce qui distingue le phylloxéra radicicole du phylloxéra gallicole, c'est qu'un certain nombre des individus appartenant aux dernières générations de l'année ne se transforment pas en ailés, restent sur les racines et subsistent en hibernant jusqu'au printemps suivant. A cette époque, ils deviennent le point de départ d'une nouvelle série de générations radicicoles qui se reproduisent et se succèdent d'une façon à peu près semblable à celle de l'année précédente. Elles sont même susceptibles de produire des ailés en août et de contribuer ainsi pour leur part à l'essaimage estival.

On voit par là que si, d'une façon ou d'une autre, tous les œufs fécondés étaient détruits dans le courant d'un même hiver, le phylloxéra n'en serait pas par cela même condamné à disparaître, qu'il serait encore représenté au printemps suivant par les colonies radicicoles qui auraient hiberné et que les ailés qui en résulteraient en août serviraient à un nouvel essaimage qui sauverait l'espèce de la destruction et rétablirait le cycle normal de son évolution biologique.

Il existe cependant une différence essentielle entre ces générations issues d'insectes ayant survécu à l'hiver par hibernage et celles qui proviennent directement de l'œuf d'hiver. Tandis que la fécondité de ces dernières se trouve annuellement régénérée dans toute son intégrité grâce à l'intervention de cet œuf, celles des premières qui, au contraire, en sont privées va constamment en diminuant d'année en année et les individus qui les composent présentent des caractères de plus en plus marqués de dégénérescence et d'atrophie. Au bout de la deuxième ou de la troisième année, ces générations, devenues exclusivement radicicoles, ne sont plus capables de produire des ailés et par suite de propager le fléau par essaimage. On a pu, il est vrai, constater sur les racines la présence d'insectes sexués provenant directement de mères radicicoles sans l'intervention des ailés, ce qui a permis de croire un instant que les colonies radicicoles pourraient bien, jusque dans une certaine mesure, assurer elles-mêmes leur propre régénérescence. Mais comme on n'a jamais découvert sur les racines d'autres œufs fécondés que des œufs d'hiver égarés (1), tout porte à croire que les colonies exclusivement radicicoles qui se perpétuent d'année en année par l'hibernage ne se reproduisent que grâce à l'intervention exclusive de femelles agames. Comme la fécondité de ces femelles va sans cesse en décroissant par suite d'une atrophie de plus en plus marquée de leurs organes génitaux, les insectes sexués que l'on a découverts sur les racines ne doivent être considérés que comme le dernier terme de cette dégénérescence progressive de l'espèce. Celle-ci se trouve dès lors condamnée à une complète stérilité, car ces sexués qui disparaissent sans avoir pondu n'ont pu, faute d'une vitalité suffisante, la régénérer et lui rendre sa fécondité première par l'intervention de l'œuf fécondé.

Il suit de là que le phylloxéra radicicole, livré à lui-même, est fatalement condamné à périr, au bout d'un certain nombre d'années, par suite d'impuissance, d'atrophie et de stérilité, et que si ses représentants se perpétuent et pullulent sur les racines, c'est que leurs

(1) Ces observations très intéressantes sont dues à M. Balbiani.

vitalité et leur fécondité se trouvent pour ainsi dire périodiquement ravivées par l'arrivée annuelle sur les racines des mères fondatrices issues directement de l'œuf d'hiver (1).

Il suffirait donc, pour condamner les colonies radicicoles à une mort certaine, soit d'assurer annuellement la destruction complète de l'œuf d'hiver, soit, sans se préoccuper de la destruction de cet œuf, d'empêcher, par un moyen quelconque, les mères fondatrices de descendre des parties extérieures du tronc où elles ont pris naissance jusque sur les racines où s'accomplit leur œuvre de régénération.

III

COMMENT LE PHYLLOXÉRA SE PROPAGE.

Nous avons vu dans ce qui précède que le phylloxéra de nos vignes indigènes accomplit annuellement deux migrations nécessaires : la première, au printemps, qui transporte les mères fondatrices des parties extérieures du cep sur les racines ; la deuxième, au mois d'août, sous formes d'insectes ailés qui vont au dehors propager ou entretenir le fléau par l'essaimage.

Sur les vignes indigènes, ce sont là les seules migrations importantes que l'insecte accomplisse, et l'extension du phylloxéra dans un vignoble contaminé ou son apparition sur une vigne encore indemne sont dues, non à une marche progressive et souterraine des colonies radicicoles gagnant de proche en proche les parties

(1) Cette observation très importante est due à M. Balbiani.

encore épargnées, mais uniquement aux migrations aériennes de l'insecte.

Bien que des pucerons aptères puissent être arrachés par le vent ou par toute autre cause à des ceps contaminés et être transportés plus ou moins loin sur de nouveaux ceps, ce mode de propagation tout accidentel ne saurait avoir une bien grande importance. Il doit être même complètement nul dans les régions plantées en vignes françaises, car le vent ne pourrait arracher ces pucerons que sur les parties extérieures de la vigne, et, sur les vignes indigènes, le phylloxéra séjourne exclusivement sur les racines.

On peut donc admettre que la propagation du fléau se fait exclusivement par l'essaimage, et ce mode de propagation est d'autant plus redoutable que le nombre des insectes qui se trouvent ainsi transportés, en même temps, d'un point à un autre est plus grand et que l'amplitude des bonds qu'ils sont susceptibles de faire est plus étendue.

Cette amplitude est d'ailleurs essentiellement variable : par un temps calme et lourd l'essaim qui vient de prendre son essor s'arrête sur le cep même d'où il provient et sur les ceps voisins, y dépose ses œufs et étend ainsi la contagion de proche en proche, tout en préparant pour l'année suivante un redoublement du mal sur les ceps déjà infestés. Dans ces conditions, la tache phylloxérique *s'étend comme une tache d'huile* et le centre est en général le plus fortement atteint.

Si au contraire le vent se fait sentir avec plus ou moins de force au moment où les essaims se produisent, ceux-ci sont transportés à des distances souvent considérables et, s'ils s'abattent sur de nouveaux champs de vigne, leur communiquent inopinément le fléau alors que ceux-ci ne paraissaient pas encore immédiatement menacés. (C'est ce qui explique l'apparition subite du fléau au milieu d'une zone encore indemne et ce qui fait que toute vigne qui n'est pas distante de plus de vingt à trente kilomètres de toute tache phylloxérique doit être considérée comme susceptible d'être immédiatement envahie. Par contre, le champ qui aura produit l'essaim sera probablement moins durement éprouvé l'année suivante que si l'essaimage s'était fait sur place. En effet, par suite de l'émigration des essaims, les œufs d'hiver y seront plus rares et par conséquent l'invasion des racines, au printemps suivant, moins considérable.

L'invasion des vignes par le phylloxéra se produit donc en été et, jusqu'au printemps suivant, l'insecte envahisseur passe successivement par les formes d'ailé, de sexué et d'œuf d'hiver. Comme sous toutes ces formes et en particulier sous celle d'œuf d'hiver l'insecte habite normalement les parties extérieures du cep, l'invasion se trouve localisée sur ces parties, complètement en dehors des racines, jusqu'au moment où se produit l'éclosion de l'œuf d'hiver, c'est-à-dire jusqu'au printemps suivant. C'est donc seulement à cette époque, c'est-à-dire pendant les mois d'avril et de mai, que les racines seront à leur tour envahies et, avant d'arriver jusqu'à elles, l'insecte aura fait un séjour de plusieurs mois sur les parties extérieures du cep. Nous avons vu, d'autre part, que la descente des mères fondatrices vers les racines se fait toujours en suivant la surface extérieure du tronc (page 14).

Nous pouvons donc dès maintenant conclure en parfaite connaissance de cause que pour mettre les racines de la vigne à l'abri de l'invasion du phylloxéra, il faut et il suffit :

Soit d'assurer annuellement la destruction de l'œuf d'hiver ;

Soit d'empêcher, par un procédé quelconque, les mères fondatrices de passer des parties extérieures du cep sur les racines.

M. Balbiani a indiqué le premier de ces procédés, nous indiquons et proposons le deuxième.

Nous ferons dès maintenant remarquer que si, théoriquement, les deux idées découlent en somme l'une de l'autre, il existe cependant entre elles, au point de vue de l'application, une différence essentielle.

Pour détruire complètement les œufs d'hiver déposés à la surface d'un cep, il est absolument indispensable qu'aucune des parties de ce cep où un œuf peut se trouver caché n'échappe à l'action du traitement. Il faut donc aller chercher l'œuf d'hiver dans toutes ses cachettes, sans en excepter une seule, pour être absolument certain de l'efficacité du traitement. Or l'opération est pratiquement d'autant plus difficile que l'insecte cache son œuf, avec le plus grand soin, soit dans les fissures du bois, soit derrière les exfoliations plus ou moins épaisses de l'écorce, et que l'œuf se trouve ainsi en partie protégé contre l'action du traitement. En outre, le traitement attaque l'insecte précisément au moment où celui-ci, n'ayant qu'une existence en quelque sorte végétative, se trouve par cela même le moins sensible à l'action des insecticides.

Ces diverses circonstances tendent évidemment à contrarier l'effet du traitement, à diminuer son efficacité et font qu'il n'est pas possible *à priori* d'avoir une entière confiance en ses effets.

Au contraire, pour empêcher la descente des mères fondatrices sur les racines, il suffit de placer autour du cep, au-dessous de la zone sur laquelle l'œuf d'hiver est déposé, un dispositif capable, soit de faire rebrousser chemin à l'insecte, soit de le tuer au passage. *Dans ce cas, c'est l'insecte lui-même qui vient fatalement au-devant du piège que vous lui avez tendu et il suffit d'être sûr de l'efficacité de ce piège pour être absolument certain, par cela même, qu'aucun insecte ne pourra passer outre ni accéder aux racines.*

Pratiquement le premier procédé ne peut donner qu'un à peu près ; le second, au contraire, conduit à une certitude.

CHAPITRE II

TRAITEMENT PRÉVENTIF AU LAIT DE MARCELLINE

§ I

GÉNÉRALITÉS.

Les explications données dans le chapitre précédent nous ont permis de conclure que *la condition nécessaire et suffisante pour mettre sûrement une vigne encore indemne à l'abri des attaques du phylloxéra consiste à placer autour du cep, au dessous de la zone sur laquelle se trouvent déposés les œufs d'hiver, un dispositif susceptible de s'opposer d'une façon certaine au passage des mères fondatrices.*

On peut chercher à réaliser cette condition au moyen de trois genres différents de procédés :

1° Entourer la couronne des racines d'une substance infectante qui oblige l'insecte à rebrousser chemin ;

2° Déposer au-dessus de cette même couronne une substance visqueuse sur laquelle l'insecte vienne se prendre comme un oiseau à la glu ;

3° Installer au même point un dispositif insecticide qui empoisonne l'insecte au passage.

Nous ne parlons que pour mémoire des deux premières catégories, bien que nous ayons nous-mêmes obtenu quelques résultats avec un procédé appartenant à la première.

Ce procédé consistait à entourer la couronne des racines avec un engrais chimique produisant dans le sol un dégagement lent d'acide sulfhydrique. Ces vapeurs devaient, pensions-nous, soit faire rebrousser chemin à l'insecte, soit l'asphyxier au passage. En outre, ces mêmes vapeurs, en se répandant dans le sol, arrivaient au contact d'une partie des racines et y détruisaient un nombre considérable d'insectes. A ce point de vue, l'engrais en question semblait devoir être doué de propriétés à la fois curatives et préventives.

Sans être concluants, les résultats auxquels nous étions déjà arrivés nous permettaient d'en espérer bientôt de meilleurs, quand nous avons découvert la *Marcelline*, qui nous a permis de réaliser d'une façon aussi simple et aussi parfaite que possible le type des procédés du troisième genre. Nous avons dès lors abandonné nos recherches sur les engrais insecticides pour reporter tous nos efforts sur l'étude de la *Marcelline*, dont l'emploi nous permettait d'espérer des effets incomparablement plus efficaces.

§ II

DE LA MARCELLINE.

A — *Propriétés de la Marcelline*.

La *Marcelline* est un insecticide à base de chaux, d'une violence extrême ; elle est solide et ressemble, comme aspect extérieur, à de la chaux à l'état pulvérulent.

Malgré ses propriétés insecticides, la *Marcelline* n'est pas dangereuse à manier; les ouvriers qui la manipulent doivent cependant prendre la précaution de n'en pas absorber et se laver soigneusement les mains après l'avoir touchée. Les ustensiles, baquets, seaux, etc., ayant servi à sa manipulation ne doivent être ultérieurement employés à aucun usage domestique.

La *Marcelline* peut être transportée dans des sacs en toile ou dans des caisses en bois.

Son prix de revient peut être évalué à 30 francs environ les 100 kilos.

Pour s'en servir, on commence par la délayer dans l'eau à raison de 25 kilos pour 100 litres d'eau. On obtient ainsi un liquide blanchâtre qui a complètement l'apparence d'un lait de chaux et que pour cette raison nous avons appelé *Lait de Marcelline.*

Le *lait de Marcelline* ainsi dosé jouit des propriétés suivantes :

1° *Étendu sous forme de badigeonnage sur une racine couverte de phylloxéras, il tue* **instantanément** *tous les insectes soumis à son contact* :

2° *Si sur une racine ou un morceau d'écorce préalablement badigeonnés, et qu'on a ensuite laissés sécher, on fait tomber des phylloxéras vivants, on les voit mourir après avoir parcouru un centimètre ou deux à la surface du badigeonnage.*

Telles sont les deux propriétés essentielles que nous avons tout d'abord reconnues à la *Marcelline*. Nous verrons plus loin (pages 27 et suivantes) que les propriétés insecticides de cette substance se conservent d'une façon remarquable à la surface des ceps traités, malgré l'action des agents atmosphériques, et que, sans pouvoir fixer encore la limite supérieure de la durée de sa conservation, nous pouvons dès maintenant affirmer que :

3° *L'action insecticide du badigeonnage au lait de Marcelline persiste encore avec une efficacité suffisante, à la surface des ceps traités, six mois après l'application du traitement.*

D'où cette conclusion capitale :

4° *Dans un délai de six mois au moins à partir du moment où le traitement a été effectué, il est absolument impossible à un phylloxéra de cheminer un certain temps sur les parties badigeonnées d'un cep de vigne sans être empoisonné.*

B. — *Mode d'emploi.*

Notre première idée a été d'employer le lait de Marcelline à imprégner des bandes de chiffons ou d'étoupe grossière qu'on aurait ensuite enroulées au pied du cep, immédiatement au-dessus de la couronne des racines, et fixées avec des bouts de fil de fer. En plaçant ces bandes quelque temps avant l'éclosion de l'œuf d'hiver, c'est-à-dire dans le courant de mars, au commencement d'avril, on pensait que les mères fondatrices seraient obligées de passer à leur contact avant de pouvoir arriver aux racines et seraient empoisonnées au passage. On aurait donc ainsi pratiquement doté la vigne d'une sorte de ceinture de chasteté susceptible de la mettre à l'abri de toute invasion ultérieure. Mais il nous a paru que les manipulations diverses que la fabrication et la mise en place de cette ceinture auraient nécessitées étaient à la fois trop nombreuses et trop délicates pour pouvoir être exécutées dans des conditions satisfaisantes par les ouvriers ordinaires des campagnes.

L'efficacité pratique du traitement pouvait avoir à en souffrir. Dans ces conditions, nous avons purement et simplement supprimé la bande de chiffons ou d'étoupe et appliqué le *lait de Marcelline* directement sur l'écorce du cep, sous forme de badigeonnage. Mais, loin de nous attacher à badigeonner avec soin toutes les parties du cep, comme on est obligé de le faire dans le traitement

Balbiani, nous nous sommes contentés de badigeonner la partie du cep ABCD (voir fig. 2), mise à nu par le déchaussage de la vigne et une partie CDEF, de vingt centimètres environ de hauteur, située immédiatement au-dessus.

La partie du cep EFGH n'était pas soumise au traitement.

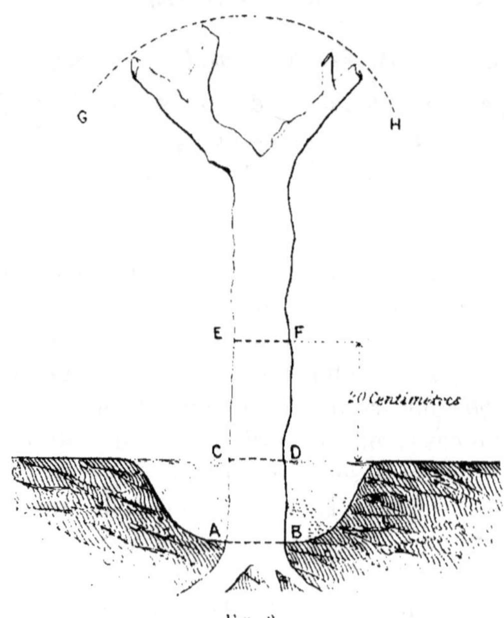

Fig. 2.

Dans ces conditions, le traitement devait agir de la façon suivante :

1° Détruire instantanément, par application directe, les insectes situés sur la partie ABEF du cep ;

2° Détruire les mères fondatrices issues de l'éclosion de l'œuf d'hiver au moment où celles-ci, cherchant à descendre vers les racines, arriveraient à cheminer sur la partie ABEF.

Comme on le voit, l'efficacité du traitement devait en grande partie dépendre de la permanence de l'action toxique sur la surface ABEF du tronc, pendant toute la durée de l'invasion des mères fondatrices, car si cette action avait déjà cessé ou fût devenue seulement insuffisante au moment où les mères fondatrices sont descendues sur les racines, l'invasion de ces dernières n'aurait pas été évitée.

Afin de faciliter l'action du traitement, la partie ABEF du cep avait été, au préalable, soigneusement décortiquée. (Voir p. 54.)

Ce traitement a été appliqué au mois de mars dernier sur plusieurs hectares de vignes phylloxérées et a pratiquement donné des résultats de beaucoup supérieurs à tout ce qu'on s'était permis d'espérer *à priori*. (Pour plus de renseignements, voir page 43 et suivantes.)

C. — *Permanence de l'action toxique du badigeonnage.*

Afin de bien nous assurer que l'action toxique du badigeonnage était restée suffisante pour tuer les mères fondatrices au passage, au moment de leur descente sur les racines de la vigne, nous avons, à diverses époques, enlevé sur des ceps pris au hasard des parcelles d'écorce badigeonnée, puis, faisant tomber sur elles des phylloxéras vivants, nous avons observé les effets produits. Ces effets ont été constamment les mêmes, l'insecte, après avoir cheminé pendant quelques instants à la surface du badigeonnage, tournait sur lui-même et mourait. Notons en passant qu'on avait soin de prendre ces parcelles d'écorce aussi bien sur les parties souterraines que sur les parties extérieures du cep et en particulier sur celles où, le badigeonnage ayant eu le plus à souffrir des influences atmosphériques, l'action insecticide du traitement devait s'être le moins bien conservée.

Il nous a, du reste, été permis de constater sur la vigne

même, et sans avoir recours à aucune expérience spéciale, la conservation de l'action insecticide du traitement, plusieurs mois après son application.

Vers la fin de juillet, nous avons commencé à constater sur l'extrémité inférieure de la partie souterraine du badigeonnage d'un certain nombre de ceps, la présence de quelques insectes isolés. Plus tard, dans le courant d'août, au moment où se produit l'essaimage et où le développement naturel du cycle biologique de l'insecte tend à provoquer un mouvement de migration vers les parties aériennes de la vigne, leur nombre devint plus considérable. On y trouvait à la fois des insectes ailés et des insectes aptères.

Ces insectes étaient les descendants naturels de ceux qui, déjà installés sur les racines de la vigne au moment où le badigeonnage a été appliqué, avaient pu échapper à l'action insecticide du traitement souterrain par le sulfure de carbone. On n'a du reste constaté leur présence que sur un nombre relativement restreint de ceps, et *toujours sur l'extrémité inférieure de la partie souterraine du badigeonnage.*

Quoi qu'il en soit, parmi les insectes retrouvés, beaucoup étaient déjà morts; quant à ceux qui étaient encore vivants, ils étaient déjà si gravement atteints qu'il suffisait de les observer pendant quelque temps pour les voir mourir.

Cette observation fait ressortir de la façon la plus éclatante toute l'efficacité que la partie souterraine du badigeonnage avait encore conservée à cette époque (septembre) : car tous les insectes étaient tués après avoir cheminé un espace de quelques centimètres seulement à sa surface.

D'autre part, les expériences directes auxquelles nous nous sommes livrés ont constamment fait ressortir que l'action insecticide du traitement se conservait avec plus d'énergie sur les parties extérieures du cep, Toutes les parties badigeonnées ont donc conservé, jusqu'à l'époque dont il s'agit (septembre), une indiscutable efficacité insecticide.

D. — *Efficacité de la Marcelline employée comme traitement préventif.*

L'observation qui précède, rapprochée des expériences directes que nous avons indiquées plus haut, permet de conclure que depuis le moment où le badigeonnage a été appliqué, c'est-à-dire depuis une époque antérieure à l'éclosion de l'œuf d'hiver, jusqu'à la fin de septembre, c'est-à-dire à une époque de l'année où la vie aérienne du phylloxéra, concentrée dans l'œuf d'hiver, ne donne plus lieu à aucune migration d'insecte, les parties du cep soumises au traitement ont toujours possédé une action insecticide telle qu'il a été absolument impossible à un insecte de cheminer à leur surface sans y trouver la mort.

La descente des mères fondatrices des parties extérieures du tronc vers les racines a donc été certainement empêchée et ces dernières mises à l'abri de l'invasion.

D'où les deux conclusions suivantes :

1° *Le badigeonnage au lait de Marcelline, appliqué comme il a été expliqué plus haut, constitue un moyen absolument certain de mettre les racines de la vigne à l'abri de l'invasion du phylloxéra.*

2° *Si une vigne n'est pas encore attaquée par le phylloxéra, on peut sûrement la préserver de ses atteintes en la soumettant annuellement, en temps utile, au traitement par le lait de Marcelline.*

D'autre part, on peut impunément planter de la vigne dans les pays les plus éprouvés par le phylloxéra et même employer pour ces plantations des sarments contaminés; il suffit pour cela :

1° *De tremper la bouture, en la tenant par l'extrémité supérieure, dans du lait de Marcelline, avant de la planter ;*

2° *D'appliquer tous les ans à la jeune vigne le traitement que nous avons indiqué.*

De cette façon, en effet, la bouture sera, avant d'être plantée, débarrassée des insectes ou des œufs qui pourraient se trouver à sa surface, et le traitement annuel mettra ultérieurement la jeune vigne à l'abri de toute invasion.

De tout ce qui précède il résulte que le traitement de la vigne par la *Marcelline* met d'une façon absolue ses racines à l'abri de toute invasion nouvelle et qu'il jouit ainsi de propriétés *préventives parfaitement certaines.* Mais il est sans action directe contre les insectes qui y ont déjà élu domicile et manque par cela même d'*action curative.*

M. Balbiani a bien démontré, il est vrai, qu'il suffit d'empêcher l'invasion annuelle des racines par les mères fondatrices pour arriver, au bout de quelques années, à provoquer la destruction complète des colonies devenues ainsi exclusivement radicicoles. A ce titre le traitement par la *Marcelline* pourrait être considéré comme possédant aussi de réelles propriétés curatives. Mais nous pensons que si la vigne est assez gravement atteinte pour que sa végétation ait déjà à en souffrir, il serait imprudent de compter sur l'action curative du traitement au *lait de Marcelline*, car il pourrait parfaitement se faire que la vigne fût mise en danger par les colonies radicicoles déjà existantes avant que l'action curative du traitement ait eu le temps de faire sentir son efficacité.

Hors le cas où le nombre des insectes restés sur les racines de la vigne est trop faible pour exercer aucune action sur la marche régulière de sa végétation, on ne devra donc compter que sur l'efficacité préventive du traitement au *lait de Marcelline* et, si l'on veut débarrasser les racines des insectes qui les ont déjà envahies, il sera absolument nécessaire de recourir à un traitement souterrain ou curatif.

E. — *Prix de revient du badigeonnage au lait de Marcelline.*

Comme nous l'avons déjà indiqué, le *Lait de Marcelline* doit être préparé au dosage de 25 kilos de Marcelline pour 100 litres d'eau.

Dans ces conditions, nous avons pu traiter, cette année, environ 5,000 (cinq mille) pieds, soit un hectare, avec 100 kilos de Marcelline. La vigne traitée est située dans l'Armagnac, où les pieds sont toujours tenus à une très grande distance les uns des autres. Par contre, cette vigne, âgée de 30 (trente) ans environ, est uniquement composée de grosses souches, de telle sorte que le badigeonnage de chaque pied a nécessité l'emploi d'une quantité relativement considérable de matière.

Afin de bien se rendre compte de la façon dont peut varier la quantité de matière à employer suivant les cas, il convient de remarquer qu'elle est en toutes circonstances proportionnelle :

1° Au nombre de pieds traités ;

2° A la surface moyenne que le badigeonnage doit recouvrir sur chacun d'eux.

D'autre part, comme, quelles que soient la hauteur totale et la grosseur de la souche, la hauteur à donner au badigeonnage est toujours la même, il résulte :

1° Que la quantité de matière nécessaire au badigeonnage d'un même nombre de pieds est proportionnelle à leur grosseur moyenne ;

2° Que le nombre de pieds traités avec une même quantité de matière sera d'autant plus grand que leur grosseur moyenne sera plus petite.

Dans ces conditions, les souches de la vigne traitée étant toutes de grosses dimensions, on peut considérer la dépense de *Marcelline* qui a été faite pour un hectare comme constituant une bonne moyenne qui sera rarement dépassée, car si dans un grand nombre de contrées la vigne est plantée plus serrée, et contient par suite un plus grand nombre de pieds à l'hectare, les souches sont aussi beaucoup moins grosses et il y a compensation.

Nous pouvons donc admettre que 100 kilos de Marcelline suffiront en général pour traiter un hectare de vigne quelle que soit la densité des ceps.

Le prix de revient, par hectare, se décompose dès lors de la façon suivante :

100 kil. de Marcelline.	30 fr. »
8 journées d'ouvrier à 2 fr	16 fr. »
Total.	46 fr. »

Soit 50 fr. en chiffres ronds, et 30 fr. seulement pour les vignerons qui, travaillant eux-mêmes leurs vignes, n'ont pas recours à la main-d'œuvre étrangère.

Nous nous hâtons d'ajouter que si les expériences actuellement en cours, pour étudier la permanence de l'action toxique du badigeonnage, continuent à donner de bons résultats, il deviendra possible de diminuer encore ce prix de revient déjà si faible, soit qu'il suffise d'appliquer le traitement une année sur deux, soit qu'il devienne possible, à partir de la deuxième année, d'employer le lait de Marcelline à un plus faible dosage.

Au point où nous en sommes arrivés de cette étude, nous possédons déjà le moyen certain :

1° *De préserver de l'invasion les vignes indemnes* ;

2° *De reconstituer les vignobles détruits par de nouvelles plantations de vignes françaises.*

La question du phylloxéra pourrait donc, à la rigueur, être considérée, dès maintenant, comme complètement résolue, car il suffirait en somme de sacrifier les vignes atteintes et de planter de nouveau en prenant les précautions que nous avons indiquées, pour arriver à bref délai à la reconstitution complète et sûre du vignoble français.

Heureusement le sacrifice des vignes atteintes est inutile et nous donnerons plus loin (chapitre IV) une méthode rationnelle dont l'application permettra de sauver les vignes qui ne sont pas encore trop profondément ruinées et de les mettre ensuite à l'abri des invasions ultérieures.

Mais, avant d'aborder cette question, nous croyons utile d'indiquer rapidement les propriétés essentielles des divers traitements jusqu'ici employés et de faire sommairement ressortir les raisons qui motivent le plus souvent l'insuccès de leur emploi. Il sera en effet plus facile, après cela, de suivre point par point le développement de la méthode nouvelle que nous proposons d'appliquer.

CHAPITRE III

DES TRAITEMENTS ANTIPHYLLOXÉRIQUES JUSQU'ICI EN USAGE

Nous avons vu déjà que les traitements antiphylloxériques jusqu'ici en usage se réduisent à deux catégories bien distinctes :

1° Les traitements souterrains qui ont pour objectif a destruction des colonies d'insectes déjà établies sur les racines :

2° Les traitements extérieurs qui ont pour objectif la destruction de l'œuf d'hiver.

Tel est l'ordre dans lequel nous allons les passer en revue.

§ I

TRAITEMENTS SOUTERRAINS.

Les traitements souterrains consistent soit à employer des engrais insecticides, soit à injecter dans le sol, autour du cep, une ou plusieurs substances capables de détruire l'insecte. Ces substances agissent, soit en arrivant au contact direct de l'insecte, soit en répandant des vapeurs mortelles pour lui qui, en s'infiltrant peu à peu dans le sol, vont l'atteindre jusque sur les radicelles de la plante.

Les principaux de ces traitements sont le traitement par le sulfure de carbone et le traitement par les sulfocarbonates.

Ces deux sortes de traitements, employés comme il convient, sont susceptibles de débarrasser dans une très large mesure les racines de la vigne de la présence du parasite. A ce point de vue, ils jouissent d'une *action curative* précieuse, sur l'efficacité de laquelle on peut généralement compter.

Ce n'est pas à dire qu'après l'application du traitement, tous les insectes auront disparu et qu'il n'y aura plus à s'en préoccuper. Tout au contraire, l'insecticide ne peut avoir d'effet que dans les parties du sol où il pénètre et il reste sans action sur les autres. Or, quel que soit le soin que l'on mette à appliquer le traitement, il y aura toujours quelques racines qui échapperont à son action, et les insectes qui s'y trouveront installés échapperont par cela même à la destruction (1). Les racines de la vigne ne seront donc pas complètement débarrassées de la présence de l'insecte, une partie seulement des colonies radicicoles sera détruite ; mais, si le traitement est bien fait, le nombre des insectes échappés à la destruction sera devenu trop faible pour empêcher la vigne de se nourrir et celle-ci pourra par suite se reconstituer ou tout au moins cesser de dépérir. Qu'à la suite du traitement on applique à cette vigne un engrais susceptible de la pousser à une végétation intensive et l'on arrivera

(1) C'est en effet un fait d'observation que dans le traitement par le sulfure de carbone, par exemple, une grande partie des insectes installés sur la couronne des racines échappe en général à la destruction.

à produire l'illusion d'une reconstitution complète. Mais ce ne sera là qu'une illusion, car cette reconstitution, loin d'être effective, ne sera jamais qu'apparente et essentiellement passagère. L'action du traitement qui n'a laissé subsister qu'un petit nombre d'insectes, les a momentanément réduits à l'impossibilité de nuire et, profitant de ce répit, la vigne a pu, grâce aux engrais énergiques qu'on lui a donnés, reprendre rapidement quelque vigueur. Mais, s'ils sont en trop petit nombre pour nuire momentanément à la végétation de la vigne, les insectes qui ont survécu sont toujours en nombre suffisant pour permettre à leurs colonies de se reconstituer rapidement et de recommencer au bout de peu de temps leur œuvre de destruction, si rien ne vient de nouveau s'opposer au développement normal de leur cycle biologique.

D'autre part, en admettant même que la destruction des colonies radicicoles ait été complète, ce qui ne se réalise jamais dans la pratique, le traitement souterrain serait complètement impuissant à empêcher la vigne d'être de nouveau envahie à la suite de l'essaimage estival.

Pour ces deux raisons, les premiers résultats obtenus disparaissent rapidement et l'action du traitement une fois fait n'a pas d'effet durable.

On peut, il est vrai, chercher à éviter cet inconvénient en renouvelant périodiquement le traitement souterrain *à des époques judicieusement choisies*. On conçoit en effet qu'il soit possible, en débarrassant, à des époques fixes, les racines de la vigne de la plus grande partie des insectes qui les ont envahies, de maintenir l'importance des colonies radicicoles à des proportions trop faibles pour pouvoir entraver la végétation. Le résultat obtenu consiste alors, non à préserver la vigne de toute atteinte, mais à lui assurer une sorte de *modus vivendi* lui permettant de subsister et de produire malgré la présence de l'insecte. Dans ces conditions, l'exacte périodicité de l'application du traitement est la condition *sine quâ non* de son efficacité.

Bien qu'au point de vue théorique il paraisse irrationnel de recourir, pour préserver la vigne du phylloxéra, à des traitements qui ne peuvent avoir d'action qu'après que les racines sont déjà envahies, on pourrait cependant, faute de mieux, s'en contenter s'ils ne présentaient, d'autre part, de graves inconvénients qui empêchent d'en généraliser l'emploi dans les conditions qui nous occupent.

Le seul de ces inconvénients que nous voulions retenir ici est celui qui consiste dans le prix de revient élevé de ces traitements.

D'après l'Annuaire de Javel (année 1884), le traitement d'un hectare de vigne par le sulfure de carbone atteint normalement le prix de 150 francs. Le traitement par les sulfocarbonates arrive à un prix encore plus élevé et coûte environ 250 francs.

D'autre part, les vignes traitées par ces procédés sont toujours plus ou moins malades (nous venons d'en voir un peu plus haut la raison), et ne peuvent donner quelques résultats qu'à la condition d'être énergiquement poussées à la végétation à l'aide d'engrais chimiques spéciaux dont le prix de revient est en général très élevé. En prenant comme type l'engrais de Javel qui, dans ces conditions, doit être employé à la dose d'au moins 100 à 150 grammes par pied de vigne, on arrive immédiatement à une dépense totale de 200 ou 300 francs, suivant le dosage adopté, pour un hectare de dix mille pieds.

Cette dépense doit s'ajouter à celle qui provient du traitement proprement dit, et, comme ce traitement doit être annuellement renouvelé, cela revient à augmenter les frais normaux de culture d'une somme de 350 francs au moins par hectare si on emploie le sulfure de carbone, de 450 francs si on emploie les sulfocarbonates. Bien peu de viticulteurs sont en état de s'imposer de pareils sacrifices.

Il en résulte que le système de défense qui consiste à faire subir périodiquement un traitement souterrain à la vigne pour lui permettre de subsister malgré la présence du phylloxéra est inapplicable dans la plupart des vignobles, à cause de son prix de revient élevé, et ne peut donner dans les autres que des résultats incomplets, toujours incertains. Hâtons-nous d'ajouter qu'il ne sont pas toujours inoffensifs pour la vigne.

Nous pouvons donc conclure que c'est appliquer à contre-sens les traitements souterrains que de chercher à en faire la base d'un traitement préservatif de la vigne, et que c'est dans leur action immédiate et curative seule que réside toute leur efficacité.

§ II

TRAITEMENTS EXTÉRIEURS.

Les traitements extérieurs jusqu'ici employés ont tous pour objectif la destruction de l'œuf d'hiver.

Il est théoriquement vrai que le procédé qui permettrait d'assurer la destruction totale de l'œuf d'hiver constituerait un traitement préventif parfaitement efficace qu'il suffirait d'appliquer annuellement à la vigne, au moment voulu, pour mettre ses racines à l'abri de toute invasion de l'insecte.

Malheureusement, de tous les procédés mis en œuvre pour arriver à cette destruction complète, un seul, la submersion, a donné jusqu'ici des résultats complètement satisfaisants. Mais comme la submersion n'est applicable que dans des cas tout à fait particuliers, elle ne constitue pas une solution proprement dite de la question.

De tous les autres procédés, le plus complet est celui qui a été proposé par M. Balbiani et qui consiste à badigeonner le cep avec un mélange d'huile lourde, de naphtaline, de chaux et d'eau dans des proportions déterminées par l'inventeur et dont la formule a déjà varié plusieurs fois. Dans ce mélange, l'huile lourde constitue l'agent actif; ses vapeurs traversant l'écorce arrivent au contact de l'œuf et en déterminent l'asphyxie.

Sans revenir sur les premiers essais tentés par M. Balbiani, essais qui ont donné lieu à de nombreux mécomptes, nous ferons à sa manière de procéder les deux critiques suivantes :

1° L'action du traitement, au lieu d'être instantanée, est relativement lente, et « *le temps nécessaire à la production des effets toxiques varie suivant les facilités que trouvent les vapeurs à traverser les écorces, facilités qui dépendent surtout de la constitution physique de celles-ci.* » (Balbiani.)

Il résulte de là qu'une partie des œufs peut échapper à l'asphyxie, soit que les vapeurs n'aient pu traverser certaines portions de l'écorce derrière lesquelles des œufs se trouvaient cachés, soit que l'influence des agents atmosphériques ait annihilé les effets du traitement en faisant disparaître les principes actifs du badigeonnage avant qu'ils aient eu le temps de produire tout leur effet.

2° Il est pratiquement impossible d'arriver à un badigeonnage absolument complet de toutes les parties du cep, y compris les bourgeons, sur lesquelles l'insecte peut avoir déposé l'œuf d'hiver.

C'est là cependant une condition nécessaire pour assurer au traitement une entière efficacité, car les œufs subsistent intacts sur les parties non badigeonnées et donnent naissance, au printemps, à des mères fondatrices que rien n'empêche d'arriver jusqu'aux racines et qui assurent ainsi une invasion souterraine partielle, malgré l'emploi du traitement.

Pour toutes ces raisons, le traitement préconisé par M. Balbiani ne peut assurer, dans la pratique, qu'une destruction toujours incomplète de l'œuf d'hiver. Il en résulte que s'il parvient à diminuer dans des proportions plus ou moins considérables, suivant la façon dont il a été appliqué, l'importance de l'invasion des racines par les mères fondatrices, il est impuissant à l'empêcher d'une façon complète et absolue. Il n'est donc pas possible de compter sur l'efficacité pratique de ses effets.

Nous pouvons donc conclure de tout ce qui précède :

Que le problème de la préservation de la vigne par la destruction de l'œuf d'hiver n'a pas été jusqu'ici pratiquement résolu :

Que la solution de ce problème présentera toujours, r la force même des choses, des difficultés pratiques presque insurmontables ;

Que le traitement au *lait de Marcelline* constitue par suite, jusqu'à nouvel ordre, le seul traitement préventif sur l'efficacité duquel on puisse absolument compter en toutes circonstances.

Quant aux propriétés curatives du badigeonnage Balbiani, elles seraient, si ce traitement possédait une action préventive absolument certaine, du même ordre que celles du traitement au *lait de Marcelline* (voir page 29). Nous avons dit, en parlant de ce dernier traitement, qu'il serait imprudent de compter sur son action curative toutes les fois qu'il existe sur les racines de la vigne une quantité d'insectes suffisante pour nuire à sa végétation. On peut en dire autant du traitement Balbiani, avec cette différence cependant qui constitue pour lui une circonstance singulièrement aggravante, que, ce traitement laissant la porte entr'ouverte à l'invasion des racines, son action curative doit être considérée comme nulle dans tous les cas.

CHAPITRE IV

TRAITEMENT RATIONNEL DES VIGNES PHYLLOXÉRÉES

§ I

APERÇU DE LA QUESTION

On ne semble pas s'être suffisamment préoccupé jusqu'ici de l'importance qu'il peut y avoir à coordonner et à combiner rationnellement l'emploi des traitements curatifs et des traitements préventifs pour arriver d'une façon méthodique et régulière à la complète reconstitution des vignes phylloxérées.

En tout cas, personne n'a encore formulé d'une façon nette et précise les règles qu'il convient de suivre.

M. Balbiani lui-même n'y est pas arrivé. Voici quelles sont, du reste, les conclusions qu'il a formulées à ce sujet : «.... *Les trois ou quatre premières années de l'emploi de la méthode des badigeonnages devront être considérées comme une période d'essai, pendant laquelle on étudiera l'influence du traitement sur la marche du phylloxéra. Par conséquent il sera prudent de continuer les traitements souterrains concurremment avec les badigeonnages partout où ces traitements sont en usage aujourd'hui. L'expérience apprendra dans quelle mesure ceux-ci pourront être suppléés par les badigeonnages employés seuls.* » (Instruction sur l'emploi des badigeonnages Balbiani. — Journal de l'Agriculture, n° 819, du 29 novembre 1884.)

Ces quelques lignes constituaient, au moment où elles ont été écrites, le résumé des derniers progrès accomplis. Comme on le voit, elles ne contiennent aucune espèce de règle, et l'emploi combiné des traitements préventif et curatif y est complètement abandonné au caprice de l'initiative individuelle et d'habitudes admises le plus souvent sans raison sérieuse.

D'autre part, les communications faites au dernier congrès de Bordeaux viennent de montrer que, depuis cette époque, aucun progrès véritable n'a été réalisé dans cette voie.

Il suit de là qu'à l'heure actuelle on ne possède encore aucune méthode à la fois rationnelle et pratique déterminant d'une façon nette et précise la marche à suivre dans le traitement des vignes phylloxérées.

Nous espérons pouvoir combler dès maintenant cette lacune.

§ II

EXPOSÉ DE LA MÉTHODE.

A. — *Principe.*

Quand une personne se trouve exposée à quelque mal contagieux dont on veut la préserver, on la soumet à un traitement préventif destiné à la mettre à l'abri de ses atteintes.

Mais si la personne en question a déjà pris le mal, on la traite d'abord pour l'en guérir et, ce résultat obtenu, on se contente ensuite de lui appliquer un traitement préventif pour l'empêcher de la reprendre.

Telle est, dans toute sa simplicité, la marche qu'il convient également de suivre quand il s'agit de la vigne.

Aux vignes indemnes le traitement préventif doit être seul appliqué.

Mais si la vigne est déjà envahie, la première chose à faire est de la guérir en débarrassant ses racines des insectes dont la présence compromet son existence. Il faut lui appliquer dès le principe un traitement curatif.

Ce résultat obtenu, la vigne peut être considérée comme guérie et il devient par cela même inutile de continuer plus longtemps le traitement curatif. Tout ce qu'il reste à faire se réduit à l'empêcher d'être de nouveau envahi, et pour cela l'application périodique d'un traitement préventif, dont l'efficacité ne soit soumise à aucun aléa, est seule à la fois nécessaire et suffisante.

L'évidence de cette proposition est telle que toute démonstration est inutile.

Il suit de là que le traitement rationnel d'une vigne phylloxérée doit être basé sur l'action régulièrement combinée d'un traitement curatif et d'un traitement préventif.

B. — *Conditions à remplir.*

Pour être efficaces, le traitement curatif et le traitement préventif dont l'action combinée doit servir de base au traitement rationnel des vignes phylloxérées ne doivent pas être choisis au hasard; il est au contraire nécessaire que chacun d'eux satisfasse à certaines conditions spéciales, et pour cette raison il est indispensable de bien spécifier ceux qui peuvent être utilement employés à l'exclusion des autres.

1° *Traitement curatif.* — Comme l'emploi du traitement curatif n'est que momentané, on pourra, sans trop d'inconvénient, recourir, si besoin est, à des procédés d'un prix de revient relativement élevé: car la dépense une fois faite ne sera plus renouvelée. L'essentiel est que le traitement employé remplisse les conditions d'efficacité nécessaires.

Quelles sont ces conditions?

Il n'est pas heureusement indispensable que le traitement curatif employé débarrasse d'une façon complète et absolue les racines de la vigne de la totalité des insectes: sans cela aucun de ceux que l'on connaît ne serait utilisable. Il suffit qu'il en réduise suffisamment le nombre pour que ceux-ci ne soient plus en état de nuire à la végétation de la vigne. Ce résultat obtenu, l'application périodique du traitement préventif suffira seule, en effet, en vertu de la loi sur la dégénérescence des colonies exclusivement radicicoles découverte par M. Balbiani, pour assurer la disparition naturelle de tous les insectes qui auront survécu au traitement. Si donc on trouve encore quelques insectes isolés sur les racines quelque temps après que le traitement curatif aura été abandonné, il n'y aura pas à s'en préoccuper, à moins que leur nombre ne devienne suffisant pour nuire à la végétation de la vigne. Cela indiquerait en effet que la première application du traitement souterrain n'a pas produit un effet curatif suffisant et, dans ce cas, il y aurait lieu de recourir à une nouvelle application d'un traitement curatif. Dans tous les autres cas, il suffira de continuer l'application du traitement préventif et peu à peu les derniers insectes finiront par disparaître.

Cependant, pour plus de sécurité, il nous paraît sage

d'admettre en principe que l'action produite par une seule application du traitement curatif ne sera pas, en général, suffisante pour réduire l'importance des colonies radicicoles dans les proportions que nous avons indiquées, et il sera, par suite, prudent de recourir, en tout état de cause, soit à une deuxième application du traitement curatif, soit à l'emploi d'un engrais insecticide, comme il sera dit page 50.

Dans ces conditions, l'action curative des traitements au sulfure de carbone et aux sulfocarbonates est suffisante. Comme, d'autre part, la dépense assez considérable qu'ils nécessitent n'est pas destinée à être indéfiniment renouvelée, leur emploi n'impose aux viticulteurs qu'un sacrifice momentané et devient par cela même accessible à tous. Ces traitements constituent donc, faute de mieux, une solution pratique satisfaisante de cette partie de la question. Chaque viticulteur n'aura qu'à choisir celui de ces procédés qu'il préfère employer.

2° *Traitement préventif.* — Le traitement préventif doit mettre d'une façon certaine et absolue les racines de la vigne à l'abri de toute invasion phylloxérique : pour donner des résultats certains, son efficacité ne doit être soumise à aucun aléa.

On voit immédiatement par là que le traitement Balbiani qui, laissant fatalement la porte entr'ouverte à l'invasion, ne peut avoir qu'une efficacité toujours incertaine, ne remplit pas les conditions nécessaires et doit par suite être formellement proscrit dans le traitement des vignes phylloxérées.

Mais la condition d'efficacité n'est pas suffisante pour un traitement préventif. Ce traitement en effet doit être périodiquement renouvelé, car les racines ne doivent pas rester exposées un seul instant sans défense à l'invasion de l'insecte. Il suit de là qu'il est destiné à faire en quelque sorte partie intégrante de la culture de la vigne et que son prix de revient doit rentrer dans les frais normaux de culture. Il est donc essentiel que ce prix de revient soit peu élevé, afin que le traitement soit partout applicable, même dans les pays où le revenu de la vigne est le plus faible.

Au point de vue de la certitude des effets comme à celui du bon marché, le traitement préventif au *lait de Marcelline* remplit seul, d'une façon complète, toutes les conditions qui précèdent. Il est donc jusqu'ici le seul qui puisse être employé avec économie et succès dans le traitement des vignes phylloxérées.

De ce qui précède il résulte que dans le traitement des vignes phylloxérées on pourra employer le sulfure de carbone ou les sulfocarbonates, au choix, comme traitement curatif, mais que le traitement préventif devra toujours, sous peine de compromettre le succès, être fait au lait de Marcelline.

C. — *Époque des divers traitements.*

1° *Traitement curatif.* — Beaucoup de personnes pensent que les traitements au sulfure de carbone ou aux sulfocarbonates peuvent être appliqués indifféremment à une époque quelconque de l'année. C'est une erreur, car, suivant le but qu'on se propose d'atteindre, le moment le plus favorable pour entreprendre l'opération se trouve presque exactement déterminé.

Pour bien le montrer, divisons l'année en deux périodes :

La première allant du moment où se produit l'éclosion de l'œuf d'hiver, c'est-à-dire du milieu d'avril, au moment où se produit l'essaimage, c'est-à-dire vers le milieu d'août ;

La deuxième partant du milieu d'août pour se terminer l'année suivante, au moment de l'éclosion de l'œuf d'hiver.

Pour plus de simplicité, nous appellerons la première, *période printanière;* et la deuxième, *période hivernale.*

On voit immédiatement que si le traitement curatif est appliqué pendant la période printanière, il produira le triple résultat :

1° De détruire d'une façon plus ou moins complète les colonies radicicoles installées sur les racines de la vigne ;

2° De mettre, jusqu'au printemps suivant, ces racines à l'abri de toute nouvelle invasion ;

3° De s'opposer, en grande partie du moins, à la production des ailés provenant de la vigne même soumise au traitement. La diminution de la production de ces ailés sera en effet la conséquence même de la destruction des colonies radicicoles qui aura été opérée sur les racines de la vigne. L'essaimage estival se trouvera donc ainsi réduit d'une façon notable et la production de l'œuf d'hiver ainsi que l'invasion par les mères fondatrices au printemps suivant, diminuées dans une égale proportion.

Au contraire, si le traitement est fait pendant la période hivernale, l'essaimage a eu lieu sans que rien ne soit venu en diminuer l'importance. Il en résulte que, quelle que soit l'efficacité que le traitement ait pu avoir sur les racines, il aura été absolument sans action sur les parties extérieures du tronc où l'essaimage s'est produit et que par suite les racines pourront être de nouveau envahies au printemps tout comme si la vigne n'avait pas été traitée. L'efficacité du traitement sera donc à peu près nulle.

On voit par là que si les racines de la vigne restent exposées à l'invasion printanière, c'est-à-dire, si un traitement préventif n'est pas employé concurremment avec le traitement curatif, il est absolument nécessaire que ce traitement curatif soit fait pendant la période printanière. Il est évident que, dans ce cas, on aura également intérêt à appliquer ce traitement le plus tôt possible après la descente des mères fondatrices sur les racines, de façon à réduire au minimum le temps pendant lequel les racines resteront exposées aux ravages des insectes envahisseurs. C'est donc à partir de la deuxième quinzaine de mai qu'il conviendra de procéder au traitement.

Si au contraire le *traitement préventif doit être employé concurremment avec le traitement curatif*, les conditions changent. On n'a plus en effet à se préoccuper de l'époque où les racines pourront être envahies par les mères fondatrices, car, en tout état de cause, ces racines seront mises à l'abri de l'invasion grâce à l'action du traitement préventif. La seule préoccupation qu'on doive avoir se réduit donc à débarrasser le plus tôt possible ces racines des insectes qui y sont déjà installés afin de les laisser le moins de temps possible inutilement exposées à leurs ravages. Le premier traitement curatif devra être appliqué le plus tôt possible après qu'on aura décidé de soumettre la vigne malade au traitement rationnel, et cela quelle que soit l'époque de l'année. Quant au second, on pourra l'appliquer six mois ou un an après, suivant qu'on veut faire les deux traitements pendant la même campagne ou qu'on préfère les faire porter sur deux campagnes consécutives. Si ce deuxième traitement est appliqué pendant la période hibernale, le mois d'octobre est l'époque la plus favorable.

2° *Traitement préventif*. Quant au traitement préventif, il *faut et il suffit qu'il soit complètement en place au moment de l'éclosion de l'œuf d'hiver*, qui se produit généralement, dans nos climats, vers le milieu d'avril. Sous les climats plus chauds, cette éclosion se produit plus tôt et l'on devra en tenir compte pour déterminer en conséquence l'époque à laquelle il sera absolument nécessaire que le traitement soit en place.

Il convient du reste de remarquer que l'action insecticide du traitement *au lait de Marcelline* se conserve, presque dans toute son intégrité, pendant plusieurs mois consécutifs, et qu'il n'y a par suite aucun inconvénient à appliquer le traitement un peu trop tôt, tandis qu'il pourrait devenir tout à fait inefficace si on l'appliquait trop tard.

On pourra donc entreprendre l'opération du badigeonnage au lait de Marcelline dès le courant de février, aussitôt après le déchaussage de la vigne.

D. — *Reconstitution de la vigne.*

Une vigne phylloxérée est, pendant les deux ou trois premières années qui suivent l'époque à laquelle on a commencé à la traiter rationnellement, comme un malade convalescent auquel on a besoin de donner une nourriture intensive pour lui permettre de reprendre rapidement ses forces.

Pour la vigne, cette nourriture intensive est constituée par les engrais chimiques qu'on devra employer dans une proportion raisonnable, en choisissant, dans chaque cas, ceux qui s'adaptent le mieux à la constitution du sol dans lequel la vigne est plantée.

Afin de hâter autant qu'il est possible la disparition complète des phylloxéras qui ont survécu à l'action du traitement curatif, on aura le plus souvent avantage à rendre l'engrais qu'on devra employer insecticide en le mélangeant avec une certaine quantité de *Marcelline*. Cette manière de procéder permettra le plus souvent de n'appliquer qu'une seule fois le traitement curatif au lieu de deux et par suite de réaliser une notable économie.

En mélangeant la Marcelline dans la proportion de un cinquième en poids avec les engrais chimiques que nous avons employés, nous avons obtenu de très bons résultats.

Quelques personnes prétendent que les engrais chimiques épuisent le sol et doivent par cela même être proscrits. C'est une erreur, car si, grâce à l'action de ces engrais, la végétation augmente de vigueur, le fait est dû, non à ce que la vigne a emprunté au sol une plus grande quantité de ses éléments constitutifs, mais uniquement à ce qu'on a donné à ce dernier les éléments qui lui manquaient et que la vigne a pu, par cela même, y trouver une nourriture plus complète et plus abondante.

On ne devra donc pas hésiter à employer les engrais chimiques si l'on veut rendre rapidement à la vigne la vigueur qu'elle a perdue.

Mais quoi que l'on fasse, la reconstitution de la vigne ne saurait être instantanée. L'action du phylloxéra a eu pour conséquence de la priver d'une grande partie de ses radicelles, de telle sorte que non seulement elle est épuisée, mais elle n'a plus que partiellement le moyen de se nourrir. La reconstitution des radicelles doit donc précéder normalement le rétablissement complet de la végétation extérieure de la vigne et ce n'est que lorsque cette première reconstitution sera terminée que la vigne pourra acquérir de nouveau toute son ancienne vigueur. La reconstitution rapide et abondante des radicelles est donc le meilleur critérium qui permette de constater, au début du traitement, l'efficacité véritable de ses effets. Les progrès faits par la végétation extérieure de la vigne seront fatalement plus lents, mais, comme on le voit, il n'y a pas lieu d'en être inquiet.

§ III

APPLICATION PRATIQUE.

Nous avons appliqué cette année la méthode qui précède à un vignoble phylloxéré de plusieurs hectares de superficie.

Le vignoble en question est envahi par le phylloxéra depuis plusieurs années et présentait en particulier un certain nombre de taches où, malgré la vigueur primitive de la vigne, les soins dont elle a toujours été l'objet et les traitements antiphylloxériques qu'on lui avait précédemment appliqués, les souches atteintes étaient déjà arrivées à un degré de dépérissement assez avancé. L'année dernière, les taches étaient visibles de très loin à l'époque où la vigne était couverte de ses feuilles, et se détachaient nettement, par leur teinte pâle, sur la teinte plus foncée du reste du vignoble.

La série des opérations effectuées a été la suivante :

1° Pendant l'hiver, traitement par le sulfure de carbone.

2° Déchaussage.

3° Fin de mars et commencement d'avril, décorticage fait avec soin, en particulier sur les parties du tronc où le badigeonnage devait être appliqué.

4° Immédiatement après le décorticage, badigeonnage au *lait de Marcelline* sur une hauteur de 35 centimètres environ à partir de la partie la plus basse du tronc mise à nu par le déchaussage.

5° Application d'un engrais chimique rendu insecticide par une addition de Marcelline mélangée avec l'engrais dans la proportion de un cinquième, en poids.

6° Rechaussage.

Résultats obtenus. — Nous avons déjà indiqué (pages 23 et suivantes) les observations recueillies au point de vue spécial de l'action insecticide exercée par la Marcelline et de la permanence de cette action à la surface des parties traitées du cep. Nous n'y reviendrons pas.

Au point de vue spécial de la reconstitution de la vigne, les résultats observés sont les suivants :

1° La végétation extérieure activée par l'engrais a été très belle. On ne pouvait plus reconnaître les anciennes taches ;

2° On ne trouve plus sur les racines que des phylloxéras isolés très rares :

3° *On constate sur toutes les parties traitées la pousse de nombreuses et rigoureuses radicelles ;*

4° La récolte a été belle et de bonne qualité.

Sans être complètement reconstituées, résultat qu'il est impossible d'atteindre après une seule année de traitement, les parties de la vigne les plus fortement atteintes ont donc été remises, dès cette année, en plein rapport ; toutes nos prévisions se sont réalisées dans la mesure la plus large et nos efforts ont été récompensés au delà de toute espérance.

CHAPITRE V

RÉSUMÉ DES TRAITEMENTS A APPLIQUER SUIVANT LES CAS

§ 1

OPÉRATIONS DIVERSES.

A. — *Préparation du lait de Marcelline.*

Délayer la Marcelline dans l'eau à raison de 25 kilos pour cent litres (un hectolitre) d'eau, remuer jusqu'à ce que le mélange soit bien intime.

L'opération peut être faite sur le terrain, quelques heures avant de procéder au badigeonnage ; avoir soin d'agiter de temps en temps le mélange, en particulier avant de s'en servir.

Les récipients en bois doivent être préférés aux récipients métalliques pour la préparation et le transport du lait de Marcelline.

B. — *Décorticage.*

Afin d'assurer ou tout au moins de faciliter l'action du badigeonnage, il est nécessaire, toutes les fois que l'écorce de la vigne est épaisse, dure, rugueuse ou couverte de mousses, de procéder à un décorticage soigné de toute la partie du tronc sur laquelle doit être appliqué le badigeonnage.

Il est en effet indispensable, pour que l'action toxique du traitement se conserve, qu'une partie des agents insecticides qui se trouvent en dissolution dans le lait de Marcelline soit absorbée par l'écorce. Celle-ci devient ainsi une sorte de réservoir insecticide qui alimente la surface extérieure au fur et à mesure que le poison qui était resté déposé sur cette surface tend à être enlevé par l'action des agents atmosphériques.

La composition de la Marcelline a été déterminée de manière à faciliter l'action capillaire qui entraîne petit à petit le poison de l'intérieur de l'écorce vers la surface extérieure du cep.

D'autre part, l'écorce étant elle-même imprégnée de poison, on n'a pas à craindre que quelques insectes n'arrivent à trouver par hasard, sous l'écorce, un chemin couvert et continu par lequel ils puissent arriver des parties supérieures du tronc jusque sur les racines, sans être obligés de passer à la surface du badigeonnage, et ne puissent ainsi échapper à l'action du traitement.

Le décorticage constitue donc une opération préliminaire indispensable qu'on devra d'autant moins hésiter à entreprendre, qu'il suffit de la faire sur les parties du tronc destinées à recevoir le badigeonnage.

Notons enfin que cette opération ne devra pas être renouvelée tous les ans, mais seulement quand elle sera jugée de nouveau nécessaire.

C. — *Badigeonnage.*

Le badigeonnage peut être commencé dès que la vigne est déchaussée et doit être complètement terminé pendant la première semaine d'avril. Il n'y aucun inconvénient à le commencer trop tôt ; il serait au contraire sans aucune efficacité s'il était fait trop tard (Voir page 43).

Quelles que soient la taille et la grosseur de la vigne, il suffit d'en badigeonner le pied, depuis la partie la plus basse mise à nu par le déchaussage, jusqu'à une hauteur telle que le badigeonnage s'élève encore à une hauteur de 20 centimètres environ au-dessus du sol, quand la vigne sera rechaussée.

Avant d'être badigeonnée, la vigne doit être préalablement écortiquée, s'il y a lieu, dans les conditions prescrites ci-dessus.

Le badigeonnage est appliqué au pinceau (les pinceaux employés doivent avoir une brosse en poils de porc ou en soie de sanglier aussi dure que possible) ; il doit être appliqué avec soin de façon à recouvrir d'une façon parfaitement continue toute la partie traitée du cep.

§ II

TRAITEMENT POUR PRÉSERVER LES VIGNES INDEMNES

Ce traitement a pour but de les mettre à l'abri de l'invasion du phylloxéra : il est purement préventif.

(On doit toujours mettre une grande circonspection à déclarer une vigne indemne : en cas de doute, il est préférable de la considérer comme contaminée et de la traiter comme telle.)

A. — *Traitement de la première année.*

1° Déchausser la vigne jusqu'à la couronne des racines ;

2° Décortiquer, avec soin, la partie du cep qui doit être badigeonnée ;

3° Badigeonner le cep comme il est prescrit ci-dessus, § I. Si le cep a été décortiqué, répandre un peu de lait de Marcelline sur le sol, contre le pied du cep, de de façon à détruire les œufs qui pourraient y être tombés à la suite du décorticage (1).

(L'opération du badigeonnage doit être complètement terminée dans la dernière quinzaine de mars, au plus tard, pour la plus grande partie des régions vinicoles de France, et dès la fin de février ou le commencement de mars pour les régions du Midi, telles que le Languedoc, le Roussillon, l'Hérault, etc.)

4° Mettre l'engrais, si on en fait usage. Dans ce cas, et particulièrement les années où le décorticage aura eu lieu, employer un engrais rendu insecticide comme il a été expliqué (chap. IV. § II. — D. — pages 44 et suivantes).

5° Rechausser la vigne.

B. — *Traitement de la deuxième année et des années suivantes.*

Recommencer aux mêmes époques les opérations prescrites pour la première année, sauf celle du décorticage, qui ne devra être renouvelée que lorsqu'elle paraîtra de nouveau utile.

Prix de revient du traitement : — Cinquante francs environ par hectare, engrais non compris.

(1) Cette précaution est inutile si on emploie un engrais rendu insecticide par une addition de Marcelline.

§ III

PLANTATION DES VIGNES FRANÇAISES DANS LES CONTRÉES PHYLLOXÉRÉES.

Nota. — Les boutures provenant de vignes contaminées peuvent être employées sans danger.

Progression du traitement :

1° Au moment de planter la bouture, la tremper à peu près complètement dans du lait de Marcelline en la tenant par son extrémité supérieure ;

2° Traiter annuellement la jeune plante comme il est dit § II.

Prix de revient : Ne dépassera pas, pendant plusieurs années, la somme de trente à quarante francs par hectare.

§ IV

TRAITEMENT DES VIGNES PHYLLOXÉRÉES

Le traitement est à la fois curatif et préventif.

Progression du traitement :

Première année : 1° Appliquer un traitement souterrain au moyen du sulfure de carbone ou des sulfocarbonates. Ce traitement devra être appliqué aussitôt que possible après qu'on se sera décidé à traiter rationnellement la vigne malade. L'époque la plus favorable est celle qui suit immédiatement les vendanges : — Ce traitement devra toujours être appliqué avant le traitement préventif.

2° Appliquer le traitement préventif tel qu'il est indiqué § II.

Nota. — On devra toujours, dans ce cas, recourir à l'emploi d'engrais chimiques appropriés au terrain, de façon à provoquer une rapide reconstitution de la vigne malade. Il y aura également avantage à rendre cet engrais insecticide en procédant comme il a été dit chap. IV, § II. D, p. 44 et suiv.).

Deuxième année. — Procéder comme pour la première année, sous la réserve des remarques suivantes :

Remarque 1. — On pourra le plus souvent éviter d'appliquer le traitement au sulfure de carbone ou aux sulfocarbonates, pendant la deuxième campagne, en ayant soin d'employer un engrais rendu insecticide à l'aide d'une addition de *Marcelline.*

Remarque 2. — Dans le cas où l'on voudrait recourir une deuxième fois à un traitement par le sulfure de carbone ou les sulfocarbonates, la deuxième application du traitement pourrait être faite cinq ou six mois après la première, dans le courant de la même campagne.

Troisième année et suivantes. — Appliquer annuellement le traitement préventif seul tel qu'il est expliqué § II.

Nota. — L'emploi des engrais chimiques devra être continué jusqu'à complète reconstitution de la vigne et pourra être cessé ensuite, si on le veut, *progressivement.* L'engrais employé devra être rendu insecticide à l'aide d'une addition de Marcelline jusqu'à ce qu'on ne retrouve plus d'insectes isolés sur les racines.

Remarque. — Pour peu que la vigne soit sérieusement atteinte, sa reconstitution ne peut être que progressive et ne sera complète que trois ou quatre ans après qu'on l'aura débarrassée des insectes qui avaient envahi ses racines (voir pages 44 et suivantes). Il n'y a donc pas lieu de se décourager si, dès la première année, la vigne ne redevient pas immédiatement aussi belle que si elle n'avait jamais été envahie.

OBSERVATION FINALE.

Pour avoir scientifiquement le droit d'établir d'une façon nette et précise, comme nous venons de le faire, dans tous ses détails, la marche à suivre pour traiter la vigne dans les différents cas qui peuvent se présenter, il serait, nous le savons, nécessaire de pouvoir asseoir nos assertions sur un nombre d'expériences plus grand que celui dont nous disposons. Mais nos expériences ont été faites avec une telle sincérité, d'autre part les résultats obtenus sont si caractéristiques, ils confirment si exactement, d'une façon à la fois si complète et si large les prévisions auxquelles la théorie nous avait conduits *à priori*, nous sommes enfin si complètement convaincus de l'importance des services que les procédés proposés sont immédiatement appelés à rendre que nous n'hésitons pas à les faire connaître avant même qu'ils aient pu recevoir la complète sanction d'une expérience prolongée. Nous croyons agir en cela conformément aux intérêts du plus grand nombre de viticulteurs qui attendent avec impatience la découverte de procédés leur permettant de préserver ou de reconstituer leurs vignes d'une façon à la fois économique et sûre.

Du reste, la preuve scientifique qui manque encore à nos propositions, pour être à l'abri de toute critique, ne peut être faite qu'en appliquant nos procédés sur une grande échelle et dans les conditions diverses qui permettent de les adapter aux modes de culture en usage dans les différentes parties de la France.

Ne pouvant, faute de moyens suffisants, procéder nous-mêmes à ces essais, nous convions à les tenter tous les viticulteurs soucieux de la conservation ou de la reconstitution de leurs vignobles.

Nous serons, en ce qui nous concerne, heureux de nous tenir à leur disposition pour leur procurer la *Marcelline* nécessaire au traitement et leur fournir toutes les explications qui pourraient leur être utiles. Nous leur demandons en retour de vouloir bien nous faire part des observations intéressantes qu'ils pourraient avoir l'occasion de faire et nous leur serons reconnaissants aussi bien des critiques et des objections qu'ils croiront devoir formuler, que des témoignages qu'ils pourront nous apporter à l'appui de l'efficacité de nos méthodes et de nos procédés.

Nous sommes convaincus qu'en procédant ainsi, nous pourrons, grâce au précieux concours de tous ceux qui voudront bien se faire nos collaborateurs, arrêter d'une façon scientifiquement indiscutable les bases définitives d'un système de défense pratique, économique et sûr, qui permettra de reconstituer, à bref délai, le vignoble français si cruellement éprouvé, et de rendre à notre chère France l'une des sources les plus fécondes de sa richesse et de sa prospérité.

TABLE DES MATIERES

PRÉFACE 3

CHAPITRE PREMIER

BIOLOGIE DU PHYLLOXÉRA.

—

§ I. — Des différentes variétés de phylloxéra 7
§ II. — Cycle biologique du phylloxéra. 9
A. — *Colonies gallicoles*. 10
B. — *Colonies radicicoles* 13
Hibernage des colonies radicicoles. 16
§ III. — Comment le phylloxéra se propage. 18

CHAPITRE II

TRAITEMENT PRÉVENTIF AU LAIT DE MARCELLINE.

§ I. — Généralités. 22
§ II. — De la Marcelline. 23
A. — *Propriétés de la Marcelline*. 23
B. — *Mode d'emploi*. 25
C. — *Permanence de l'action toxique du badigeonnage*. 27
D. — *Efficacité de la Marcelline employée comme traitement préventif*. 29
E. — *Prix de revient du badigeonnage au lait de Marcelline*. 31

CHAPITRE III

DES TRAITEMENTS ANTIPHYLLOXÉRIQUES JUSQU'ICI EMPLOYÉS.

§ I. — Traitements souterrains. 34
§ II. — Traitements extérieurs 38

CHAPITRE IV

TRAITEMENT RATIONNEL DES VIGNES PHYLLOXÉRÉES.

§ I. — Aperçu de la question. 42
§ II. — Exposé de la méthode. 43
A. — *Principe*. 43
B. — *Conditions à remplir*. 44
1° Traitement curatif. 45
2° Traitement préventif. 46
C. — *Époque des divers traitements*. 47
1° Traitement curatif. 47
2° Traitement préventif. 49
D. — *Reconstitution de la vigne* 50
§ III. — Application pratique. 52
Résultats obtenus. 53

CHAPITRE V

RÉSUMÉ DES TRAITEMENTS A APPLIQUER SUIVANT LES CAS.

§ I. — Opérations diverses 54
A. — *Préparation du lait de Marcelline*. 54
B. — *Décorticage* 54
C. — *Badigeonnage*. 55
§ II. — Traitement à appliquer aux vignes indemnes 56
A. — *Traitement de la première année*. 56
B. — *Traitement de la deuxième année*. 57
§ III. — Plantation de vignes françaises dans les contrées phylloxérées. 58
§ IV. — Traitement des vignes phylloxérées 58
1re *Année*. 58
2e *Année*. 59
3e *Année et suivantes*. 59
Observation finale. 60

Paris. — Imprimerie G. Rougier et Cie, rue Cassette, 1.

Paris. — Imprimerie G. ROUGIER et Cie, rue Cassette, 1

www.ingramcontent.com/pod-product-compliance
Lightning Source LLC
LaVergne TN
LVHW011952160826
845678LV00002B/504

* 9 7 8 2 3 2 9 6 8 1 5 5 9 *